W0351123

4

MATEMÁTICAS

CUADERNO 1

AUTORES
María José García García
Carmen Correas Díaz
Ángeles Peralta Cano

EDELVIVES PRIMARIA

Índice

Números de seis cifras

CM	DM	UM	C	D	U
2	1	5	7	8	3

1 CM = 100 000 U

215 783 = 2 CM + 1 DM + 5 UM + 7 C + 8 D + 3 U

215 783 = 200 000 + 10 000 + 5 000 + 700 + 80 + 3

215 783 = 2 × 100 000 + 1 × 10 000 + 5 × 1 000 + 7 × 100 + 8 × 10 + 3

Se lee *doscientos quince mil setecientos ochenta y tres.*

1 Completa la siguiente tabla.

Número	CM	DM	UM	C	D	U	Se lee
851 304							
	9	0	2	4	0	0	
							Trescientos cuarenta mil dos

2 Descompón estos números de tres formas distintas, como en el ejemplo.

253 002 →
- 2 CM + 5 DM + 3 UM + 2 U
- 200 000 + 50 000 + 3 000 + 2
- 2 × 100 000 + 5 × 10 000 + 3 × 1 000 + 2

105 800 →
- ____________________
- ____________________
- ____________________

900 067 →
- ____________________
- ____________________
- ____________________

3 Ordena las palabras y escribe con ellas tres números de seis cifras. Después, exprésalos con cifras.

trescientos | cincuenta y dos | mil | cuarenta | novecientos

____________________ → __________

____________________ → __________

____________________ → __________

Números de siete cifras

UMM	CM	DM	UM	C	D	U
4	8	0	2	0	1	6

1 UMM = 1 000 000 U

4 802 016 = 4 UMM + 8 CM + 2 UM + 1 D + 6 U

4 802 016 = 4 000 000 + 800 000 + 2 000 + 10 + 6

4 802 016 = 4 × 1 000 000 + 8 × 100 000 + 2 × 1 000 + 1 × 10 + 6

Se lee *cuatro millones ochocientos dos mil dieciséis.*

1 Escribe qué número equivale a cada descomposición. Después, escribe como se lee cada uno.

- 5 UMM + 4 DM + 7 U + 3 C = ______ → ______
- 6 D + 8 U + 6 UMM + 7 CM = ______ → ______
- 5 C + 9 UMM + 3 D + 8 UM = ______ → ______

2 Indica a cuántas unidades equivale la cifra coloreada en cada caso.

3 018 250	9 005 023	5 040 123	1 501 369	7 054 236
______	______	______	______	______

3 Une los recuadros que tengan el mismo valor.

90 DM	80 D	8 UMM	9 000 UM	800 C	90 CM
8 C	8 000 UM	90 000 D	90 CM	9 000 UM	8 DM

4 Escribe las cifras que faltan siguiendo las pistas.

- La cifra que falta es igual a la diferencia de la cifra de las unidades y la de las decenas de millar.

  4 054 ___ 49

- La cifra que falta es igual al producto de la cifra de las unidades de millón y la de las centenas.

  3 82 ___ 346

Comparación de números

- Para comparar dos números con la misma cantidad de cifras, se compara cifra a cifra empezando por la izquierda.

CM	DM	UM	C	D	U
2	7	5	6	1	2
2	7	5	2	4	3

6 > 2 → 275 612 > 275 243

- Si un número tiene menos cifras que otro, es el menor de los dos.

4 298 < 23 140

1 Completa con <, = o > según corresponda.

- 3 DM y 5 C ◯ 30 050
- 90 006 ◯ 9 DM y 6 U
- 6 UM y 4 DM ◯ 46 123
- 54 201 ◯ 6 DM
- 1 DM ◯ 5 UM y 94 C
- 50 125 ◯ 6 UM y 125 U

2 Ordena de menor a mayor estos números.

50 060 | 60 050 | 60 005 | 56 000 | 6 500 | 56 500

____

3 Colorea los números mayores que cincuenta y cinco mil quinientos cincuenta y cinco.

50 023	84 569	55 551	65 502	45 125	36 055
55 550	78 125	20 154	50 555	10 589	5 558

4 Escribe el mayor y el menor número de cinco cifras que puedas formas con estas cifras.

7 | 3 | 4 | 6 | 8 | 2

- El número mayor es: ______________________
- El número menor es: ______________________

5 Escribe un número menor y otro mayor que los siguientes números.

- ______ < 4 582 600 < ______
- ______ < 206 000 < ______
- ______ < 1 999 999 < ______
- ______ < 999 999 < ______
- ______ < 3 000 000 < ______
- ______ < 199 999 < ______

6 Une con flechas según corresponda.

Un número entre 25 CM y 3 UMM.	8 025 325
Un número menor que 9 CM.	2 651 023
Un número mayor que 6 UMM.	898 126
Un número mayor que 3 UMM y menor que 5 UMM.	3 450 000

7 Arturo ha recogido 358 125 kg de patatas y Aurelio, 358 025 kg. ¿Quién ha recogido más cantidad de patatas?

- ______

8 Los responsables de una sala de cine están revisando los datos para conocer qué películas de animación han sido las más vistas.

Películas	Espectadores
Dumbo	4 467 062
Coco	3 624 912
Los Minions	4 278 285
Buscando a Nemo	4 089 415

- Según los datos de la tabla, ¿qué película ha sido la más vista?

______

- ¿Qué película ha tenido menos espectadores?

______

Aproximación de números

- Para aproximar un número a las decenas de millar, vemos entre qué decenas de millar se encuentra y tomamos la más cercana.

  El número 54 000 se encuentra entre 50 000 y 60 000.

  54 000 – 50 000 = 4 000
  60 000 – 54 000 = 6 000
  ← Comparamos las diferencias.

  Como 4 000 < 6 000, el número 54 000 está más próximo a 50 000.

- Para aproximar un número a las centenas de millar, vemos entre qué centenas de millar se encuentra y tomamos la más cercana.

  El número 420 000 se encuentra entre 400 000 y 500 000.

  420 000 – 400 000 = 20 000
  500 000 – 420 000 = 80 000
  ← Comparamos las diferencias.

  Como 20 000 < 80 000, el número 420 000 está más próximo a 400 000.

1 Colorea la decena de millar más próxima a cada número.

70 000 ← 74 000 → 80 000

50 000 ← 56 000 → 60 000

10 000 ← 17 000 → 20 000

80 000 ← 81 000 → 90 000

40 000 ← 48 000 → 50 000

30 000 ← 33 000 → 40 000

2 Observa el ejemplo y haz el resto de aproximaciones.

44 000 ↙ ↘ 40 000 | 50 000 ↓ 40 000

48 200 ↙ ↘ ____ | ____ ↓ ____

710 000 ↙ ↘ ____ | ____ ↓ ____

526 250 ↙ ↘ ____ | ____ ↓ ____

3 Rodea los números cuya decena de millar más próxima sea **50 000**.

- 53 007
- 42 548
- 48 571
- 58 126
- 56 000
- 51 000
- 44 000
- 45 125
- 54 999
- 40 999

4 Une con flechas cada número con su aproximación a las decenas de millar.

356 400		180 000
190 000	200 000	449 999
300 999		350 001
219 900	300 000	249 999
400 009	400 000	345 555
299 020		260 000

5 Al último partido de fútbol del equipo de Álvaro acudieron 75 452 aficionados. Álvaro dice que son aproximadamente 80 000 aficionados, y su amigo Rafael asegura que son 70 000. ¿Quién lleva razón?

- ______________________________

6 Escribe dos números en cada caso.

- Su aproximación a las centenas de millar es 300 000. → ____________, ____________
- Su unidad de millar más próxima es 42 000. → ____________, ____________
- Su decena de millar más próxima es 80 000. → ____________, ____________

Cálculo

1 Calcula mentalmente y escribe.

[ ] ← – 200 ← **725** → + 200 → [ ]

[ ] ← – 900 ← **1 847** → + 900 → [ ]

2 Calcula estas operaciones.

- 45 854 + 23 124
- 85 047 – 41 022
- 74 125 + 4 071

Lógica

3 En un triángulo mágico, la suma de los valores de cada uno de sus lados da el mismo resultado. Completa los datos que faltan para que la suma de los valores de cada lado sea igual al número del centro.

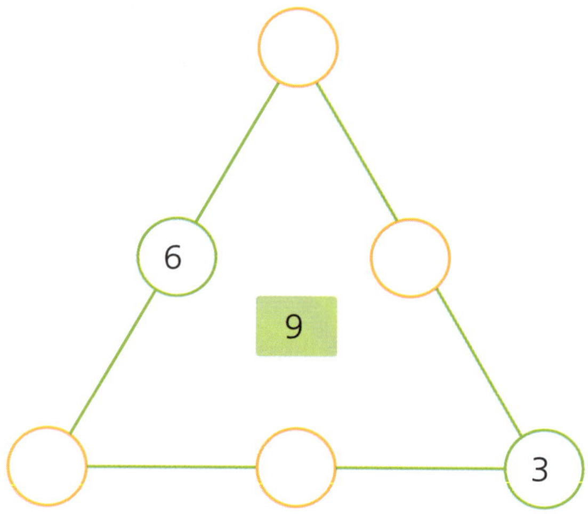

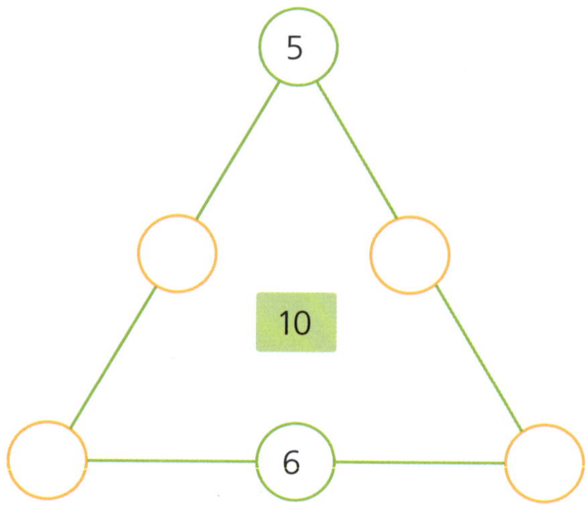

4 Calcula el valor de cada figura.

Problemas

1 Cristina está en la cola del cine y delante de ella hay un padre con sus tres hijos, además de dos chicas y seis niños. ¿En qué posición se encuentra Cristina?

- ______________________

- Si se van tres de los seis niños que estaban delante de ella, ¿en qué posición se encuentra ahora Cristina?

- ______________________

2 Jorge ha recorrido 23 871 m en bicicleta, y Roberto, 24 152 m. ¿Cuál de los dos se aproxima más a dos decenas de millar?

- ______________________

3 Julia y Pablo se inscriben en una carrera en la que participan 30 corredores. Detrás de Pablo han entrado 8 corredores. Julia iba en la vigésima posición, pero ha adelantado a 13 corredores, mientras que a ella le han adelantado 2. ¿En qué posición ha entrado Pablo? ¿Y Julia?

- ______________________

4 El coche de Iván se ha quedado sin gasolina tras recorrer 11 462 m. A los 11 000 m ha pasado por una gasolinera y sabe que hay otra a 1 000 m de la anterior. ¿Qué gasolinera es la más cercana para ir a repostar gasolina?

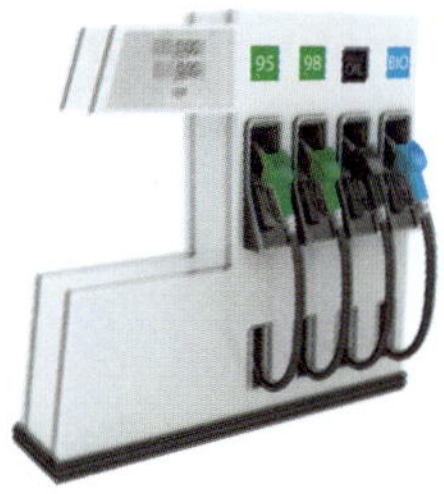

- ______________________

5 Los padres de Martina quieren comprar una casa y tienen tres opciones. La primera es una casa individual con un precio de 93 485 €, la segunda es una casa adosada que cuesta 95 379 € y la última es un piso valorado en 89 930 €. ¿Cuál es la opción más económica?

- ______________________

6 En el último sorteo de la Lotería Nacional, el número premiado ha sido el 53 142. Victoria había comprado un décimo que tenía 2 decenas de millar más, 1 unidad de millar menos, 3 centenas más, 4 decenas más y 1 unidad menos que el premiado. ¿Qué número había comprado Victoria?

- ______________________

Uso del paréntesis

Para calcular sumas y restas combinadas con paréntesis, realizo primero las operaciones que hay dentro del paréntesis.

32 + (40 − 4)
32 + 36
68

1 Calcula estas operaciones. Recuerda que debes empezar por el paréntesis.

(152 + 64) + 236
____ + ____
____

856 − (1 425 − 926)
____ − ____
____

452 + (984 − 608)
____ + ____
____

(5 264 + 846) − 475
____ − ____
____

2 Une cada operación con su solución.

4 825 + (1 586 − 498)	5 856
(6 125 − 1 145) + 876	5 913
(8 236 + 4 256) − 11 906	586
1 548 − (268 + 380)	2 387
6 584 − (2 498 + 1 699)	900

3 Escribe la operación y coloca el paréntesis donde corresponda.

- Resta sesenta y dos a la suma de treinta y nueve y ciento ocho.

____

- A doscientos cuarenta y cinco, réstale la diferencia entre doscientos dos y sesenta y tres.

____

4 Haz los cálculos de cada operación con paréntesis. Luego compara los resultados y explica qué ha ocurrido.

1 458 – (412 + 189)	(1 458 – 412) + 189

- ______________________________

5 Nerea tiene una colección de 675 llaveros. Si sus amigos le han regalado 245 llaveros y sus familiares, 312, ¿cuántos ha comprado ella?

- ______________________________

6 Cristian está construyendo un puzle con 1 000 piezas. El primer día ha colocado 351 piezas, pero su hermano pequeño desmontó, 125. ¿Cuántas piezas le quedan aún sin colocar?

- ______________________________

7 Calcula de dos formas diferentes.

- Lara ha gastado 24 de los 75 € que tenía en su hucha y 16 de los 93 € que tenía en el monedero. ¿Cuánto dinero le queda aún?

- ______________________________

- Tomás tiene una cuerda que mide 256 cm. Si corta 74 cm de un lado y 29 cm del otro, ¿cuántos centímetros mide la cuerda restante?

- ______________________________

Propiedades de la suma y de la resta

Propiedad conmutativa de la suma

El orden en el que sumo dos números no cambia el resultado de la suma.

51 + 60 = 60 + 51 = 111

Propiedad asociativa de la suma

Para sumar tres números, sumo primero dos cualesquiera de ellos y el resultado se lo sumo al tercero.

(98 + 22) + 41 = 98 + (22 + 41)

Propiedad fundamental de la resta

Si sumo o resto un mismo número al minuendo y al sustraendo, el resultado de la resta no varía.

47 − 15 = 32 → −5 → 42 − 10 = 32

1 Relaciona las sumas que tengan el mismo resultado y únelas con su solución.

4 589 + 12 125	4 602 + 74 589	52 379
44 562 + 745	12 125 + 4 589	16 714
32 014 + 20 365	745 + 44 562	45 307
74 589 + 4 602	20 365 + 32 014	79 191

2 Completa y comprueba que se cumple la propiedad asociativa.

(205 + 87) + 256 = 205 + (87 + 256)

_______ + _______ = _______ + _______

_______________ = _______________

840 + (47 + 845) = (840 + 47) + 845

_______ + _______ = _______ + _______

_______________ = _______________

3 Aplicando la propiedad fundamental de la resta, escribe el nuevo minuendo y sustraendo y comprueba que la diferencia no varía.

$$\begin{array}{r} 4\,2\,0\,6 \\ -\;2\,0\,5\,8 \\ \hline 2\,1\,4\,8 \end{array} \xrightarrow{+\,259} \boxed{}$$

4 Sin calcular la diferencia, rodea las restas que tengan el mismo resultado.

- 250 – 26
- 312 – 88
- 312 – 26
- 265 – 41
- 250 – 62
- 230 – 6

- ¿Qué propiedad has aplicado?

____

5 Coloca los paréntesis en el lugar adecuado para que se cumpla la propiedad asociativa.

- 7 851 + 265 + 487 = 7 851 + 265 + 487
- 25 615 + 265 + 487 = 25 615 + 265 + 487
- 25 + 445 + 348 = 25 + 445 + 348
- 358 + 4 965 + 1 564 = 358 + 4 965 + 1 564

6 En un colegio hay 75 alumnos de Infantil, 457 de Primaria y 316 de Secundaria. ¿Cuántos alumnos hay en total?

- ____

7 Julia tiene 54 canicas en la mochila y 16 en el bolsillo. Si Estela tiene 16 canicas, ¿cuántas tiene que comprar para tener las mismas que Julia?

- ____

- ¿Qué propiedad de la suma has aplicado para resolverlo?

____

8 Mariano tenía 67 cerezas y se ha comido 19. Si Marta tiene 95 cerezas, ¿cuántas debe comerse para que le queden las mismas que a Mariano? Resuelve el problema utilizando la propiedad fundamental de la resta.

- ____

Prueba de la resta

- Para comprobar que una resta está bien hecha, sumo la **diferencia** con el **sustraendo** y el resultado tiene que ser el **minuendo.**

diferencia + **sustraendo** = **minuendo**

1 Calcula la diferencia y comprueba el resultado.

```
  5 4 8 6 0
−   8 0 6 9
-----------
```
→ Prueba: + ___

```
  7 0 2 4 5
− 4 1 8 7 9
-----------
```
→ Prueba: + ___

2 Calcula el término desconocido.

minuendo = 15 265 sustraendo = 8 939 diferencia = ¿?	minuendo = ¿? sustraendo = 27 705 diferencia = 48 369	minuendo = 87 415 sustraendo = ¿? diferencia = 59 607

3 Une cada resta con su prueba.

456 – 127 = 329	202 + 127 = 329
329 – 127 = 202	254 + 202 = 456
456 – 202 = 254	329 + 127 = 456
254 – 202 = 52	52 + 202 = 254

4 Escribe dos restas con cada grupo de números, calcula y comprueba los resultados.

45 236 5 089 78 108	15 023 5 306 18 542	49 567 54 070 25 084
____ – ____ = ____	____ – ____ = ____	____ – ____ = ____
____ – ____ = ____	____ – ____ = ____	____ – ____ = ____
Pruebas	Pruebas	Pruebas

5 Escribe las dos restas asociadas a cada una de las siguientes sumas.

745 + 59 = 804 → ____ → ____

1 025 + 456 = 1 481 → ____ → ____

6 Marca con una X la igualdad correcta.

- ☐ minuendo + diferencia = sustraendo
- ☐ sustraendo + minuendo = diferencia
- ☐ diferencia + sustraendo = minuendo

7 Un embalse tiene 93 458 l de agua y durante los meses de verano pierde 34 572 l. ¿Cuántos litros tiene después de dicha estación? Comprueba el resultado.

• ____

Cálculo

1 Calcula estas operaciones mentalmente.

- 56 + 21 = ______
- 33 + 21 = ______
- 59 + 21 = ______
- 84 + 21 = ______
- 62 + 31 = ______
- 28 + 31 = ______
- 85 + 31 = ______
- 16 + 31 = ______
- 46 + 21 = ______
- 32 + 31 = ______
- 74 + 21 = ______
- 95 + 31 = ______

2 Completa el número que falta en cada operación.

- 49 + ______ = 70
- 75 + ______ = 106
- 26 + ______ = 57
- 12 + ______ = 43
- 86 + ______ = 107
- 69 + ______ = 100

3 Suma a cada número de cuatro cifras uno de tres cifras y otro de dos cifras, de modo que obtengas todos los resultados posibles. Rodea de azul el mayor resultado y de rojo el menor.

2340	950	33
7005	475	65

Lógica

4 Calcula el valor de cada fruta según la tabla que se adjunta.

	+		+		6
+		+		+	
	+		+		18
+		+		+	
	+		+		11
12		8		15	

 = ______

 = ______

 = ______

 = ______

 = ______

Problemas

1. Un depósito de agua tiene una capacidad de 1 200 l. Si un mes se gastan 365 l y al mes siguiente 478 l, ¿cuánta agua quedará en el depósito?

•

2. Eduardo tiene ahorrados 183 €, y su hermana Elena, 246 €. Si quieren comprar una videoconsola que cuesta 450 €, ¿cuánto dinero les falta?

•

3. El teatro de un colegio tiene 650 asientos. Si en la actuación de fin de curso han quedado 87 asientos sin ocupar, ¿cuántas personas han acudido al evento?

•

4. En un mercado hay un puesto de frutas y verduras que tiene 1 725 kg de fruta y 1 286 kg de verdura. Hoy han vendido todas las verduras y han quedado 630 kg de fruta sin vender. ¿Cuántos kilogramos de frutas y verduras han vendido hoy?

•

5. Un avión despega y se eleva a una altura de 4 350 m. La altura máxima a la que tiene que llegar es de 11 275 m. ¿Cuántos metros le quedan por ascender?

•

6. Un convoy de metro transporta 380 viajeros. En la primera parada suben 80 personas y bajan 45, y en la segunda se montan 72 y se apean 136. ¿Cuántos viajeros quedan en el convoy?

•

Propiedades conmutativa y asociativa

Propiedad conmutativa

El orden en el que multiplico los factores no cambia el producto.

$$3 \times 4 = 4 \times 3 = 12$$

Propiedad asociativa

Para multiplicar tres números, puedo multiplicar primero dos cualesquiera de ellos y multiplicar luego el resultado por el tercero.

$$(3 \times 2) \times 2 = 3 \times (2 \times 2) = 12$$

1 Completa estas operaciones aplicando la propiedad conmutativa.

- ____ × 405 = ____ × 84
- ____ × ____ = 14 × 856
- 152 × 423 = ____ × ____
- 256 × ____ = 712 × ____

2 Completa las operaciones aplicando la propiedad asociativa.

- (____ × 92) × 24 = 13 × (____ × ____)
- (15 × 26) × 70 = ____ × (____ × ____)
- 45 × (____ × ____) = (____ × 13) × 9
- (71 × ____) × 12 = ____ × (4 × ____)

3 Calcula los productos y une con flechas las multiplicaciones que cumplan la propiedad conmutativa.

$$\begin{array}{r} 25 \\ \times\ 18 \\ \hline \end{array} \qquad \begin{array}{r} 42 \\ \times\ 16 \\ \hline \end{array} \qquad \begin{array}{r} 36 \\ \times\ 98 \\ \hline \end{array}$$

$$\begin{array}{r} 98 \\ \times\ 36 \\ \hline \end{array} \qquad \begin{array}{r} 50 \\ \times\ 9 \\ \hline \end{array} \qquad \begin{array}{r} 16 \\ \times\ 42 \\ \hline \end{array}$$

4 Calcula las siguientes operaciones de dos formas distintas.

15 × 2 × 40 → ____ → ____

10 × 41 × 3 → ____ → ____

22 × 4 × 5 → ____ → ____

5 Si Alba hace todos los días en el colegio 3 ejercicios de cada una de las 6 asignaturas diferentes que tiene, ¿cuántos ejercicios hará durante una semana de lunes a viernes?

- ____

6 En cada una de sus 2 mochilas, Pedro tiene 3 estuches con 4 lápices en cada uno. Si Marcos tiene 4 mochilas con 3 estuches en cada una, ¿cuántos lápices debe guardar en cada estuche para tener el mismo número de lápices que Pedro?

- ____

7 María ha comprado 8 cajas de lápices con 12 lápices cada una, y su amiga Lucía, 12 cajas con 8 lápices cada una. ¿Quién tiene más lápices?

- ____

Propiedad distributiva con respecto a la suma

Si multiplico un número por la suma de dos sumandos, obtengo el mismo resultado que si sumo los productos de dicho número por cada uno de los sumandos.

$7 \times (6 + 4) = 7 \times 6 + 7 \times 4$

1 Une con flechas según corresponda.

$27 \times (12 - 5)$	$27 \times 12 - 27 \times 5$	75
$5 \times (27 - 12)$	$4 \times 31 + 4 \times 15$	189
$4 \times (31 + 15)$	$5 \times 27 - 5 \times 12$	184

2 Aplica la propiedad distributiva con respecto a la suma o a la resta y calcula las siguientes operaciones de dos formas distintas.

$20 \times (10 + 24)$ → ______ → ______

$47 \times (59 - 15)$ → ______ → ______

3 Observa el ejemplo y escribe la operación de forma más sencilla, aplicando la propiedad distributiva con respecto a la suma o a la resta. Luego, calcula el resultado.

$142 \times 24 + 142 \times 12 = 142 \times (24 + 12) = 142 \times 36 = 5\,112$

- $39 \times 15 + 39 \times 4 =$ ______
- $52 \times 48 - 52 \times 25 =$ ______

4 Sara guarda su colección de cromos de animales en 7 cajas. Cada una de ellas contiene 32 cromos de animales vertebrados y 19 de animales invertebrados. ¿Cuántos cromos tiene en total?

- ______

Multiplicación por un número de dos cifras

Para multiplicar 249 × 32 sigo estos pasos.

1. Multiplico 249 por 2.

C	D	U
2	4	9
×	3	2
4	9	8

2. Multiplico 249 por 3 y coloco el resultado debajo del anterior dejando un espacio a la derecha.

	C	D	U
	2	4	9
	×	3	2
	4	9	8
7	4	7	

3. Sumo los productos obtenidos en el orden indicado.

	C	D	U
	2	4	9
	×	3	2
	4	9	8
7	4	7	
7	9	6	8

1 Une cada multiplicación con su resultado.

475 × 32	40 240
324 × 20	6 480
156 × 75	15 200
503 × 80	11 700

2 Observa el ejemplo. Luego, descompón en factores y multiplica.

710 × 20 = 71 × 10 × 2 × 10 = 142 × 10 × 10 = 14 200

- 450 × 30 = ______
- 600 × 50 = ______
- 320 × 80 = ______

3 Los campamentos de verano de un colegio cuestan 289 € por alumno. Si van a ir 95 alumnos, ¿cuánto pagarán en total?

- ______

Multiplicación por un número de tres cifras

Para multiplicar 371 × 254, puedo seguir estos pasos:

1. Multiplico 371 por 4.
2. Multiplico 371 por 5 y coloco el resultado debajo del anterior, dejando un espacio a la derecha.
3. Multiplico 371 por 2 y coloco el resultado debajo del anterior, dejando un espacio a la derecha.
4. Sumo los productos obtenidos.

		C	D	U
		3	7	1
	×	2	5	4
	1	4	8	4
1	8	5	5	
7	4	2		
9	4	2	3	4

1 Calcula el resultado de estas multiplicaciones según el código.

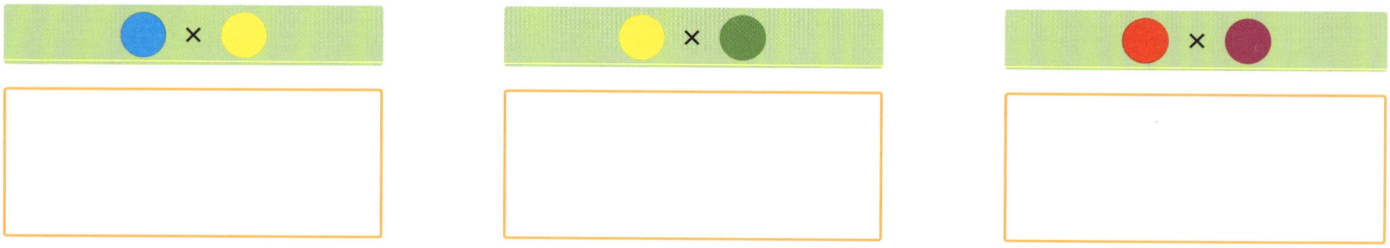

2 Completa las cifras que faltan en las siguientes multiplicaciones.

	1	7	8
×	3	9	4
	7	___	2
1	___	0	2
___	3	___	
7	___	1	___	2

	1	5	9
×	6	2	8
1	___	___	2
___	1	8	
9	___	4	
9	___	8	___	2

		3	5	___
	×	1	8	7
	2	___	6	4
___	8	1	___	
___	5	___		
6	5	___	2	___

3 Marta ahorra todos los días 150 cts. ¿Cuánto dinero ahorrará en un año?

• ______________________________

4 En un huerto hay 421 manzanos. Si Antonio recoge 105 manzanas de cada manzano, ¿cuántas piezas de fruta recogerá?

• ______________________________

Potencias. Cuadrados y cubos. Potencias de base 10

Una **potencia** es una forma abreviada de expresar un producto de factores iguales.

$3 \times 3 \times 3 \times 3 = 3^4 = 81 \rightarrow 3^4$ se lee *tres elevado a 4*

(Exponente: 4; Base: 3)

Las potencias de exponente dos se denominan **cuadrados:** 6^2.

Las potencias de exponente tres se denominan **cubos:** 6^3.

Potencia de base 10: $10^5 = 10 \times 10 \times 10 \times 10 \times 10 = 100000$

1 Completa la tabla como en el ejemplo.

Producto	Base	Exponente	Potencia	Se lee	Resultado
$6 \times 6 \times 6 \times 6 \times 6$	6	5	6^5	Seis elevado a cinco	7776
	4	3			
			3^8		
				Cinco elevado al cubo	
$7 \times 7 \times 7 \times 7$					

2 Une con flechas cada potencia con su valor.

3^4 2^5 6^4 1^3 5^2 10^6

81 1296 32 1 1000000 25

3 Escribe el número que corresponden a cada descomposición en suma de potencias de base 10.

- $5 \times 10^5 + 7 \times 10^3 + 2 \times 10 + 6 =$ ____________________
- $9 \times 10^6 + 4 \times 10^5 + 1 \times 10^2 + 4 \times 10 =$ ____________________
- $4 \times 10^4 + 2 \times 10^3 + 5 \times 10^2 + 6 \times 10 + 8 =$ ____________________
- $7 \times 10^2 + 6 \times 10^5 + 5 \times 10^3 + 7 =$ ____________________

Cálculo

1 Calcula mentalmente.

- 58 – 21 = ______
- 76 – 21 = ______
- 40 – 21 = ______
- 61 – 21 = ______
- 56 – 31 = ______
- 60 – 31 = ______
- 71 – 31 = ______
- 95 – 31 = ______
- 32 – 21 = ______
- 35 – 31 = ______
- 29 – 21 = ______
- 84 – 31 = ______

2 Completa el número que falta en cada operación.

- 49 – ______ = 28
- 75 – ______ = 44
- 26 – ______ = 5
- 75 – ______ = 54
- 90 – ______ = 69
- 40 – ______ = 9

3 Calcula las siguientes operaciones.

- 154 × 376
- 302 × 289
- 584 × 107

Lógica

4 Calcula el peso que tiene cada bola.

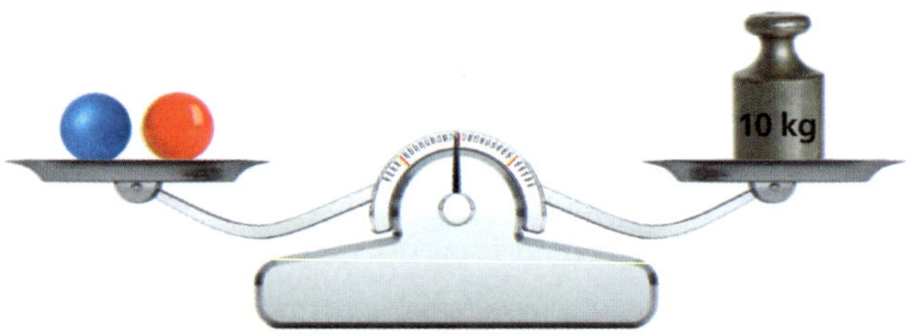

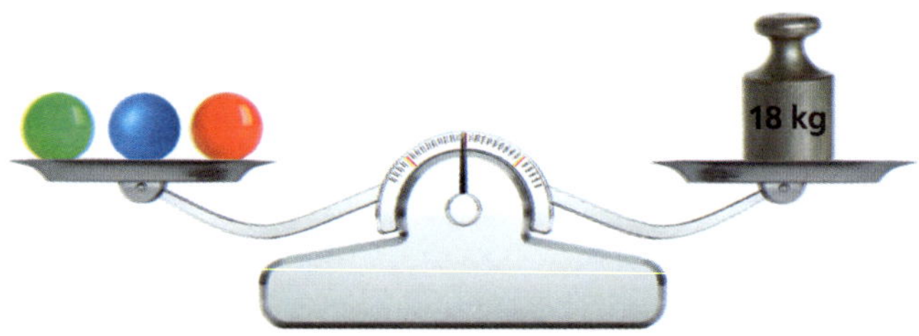

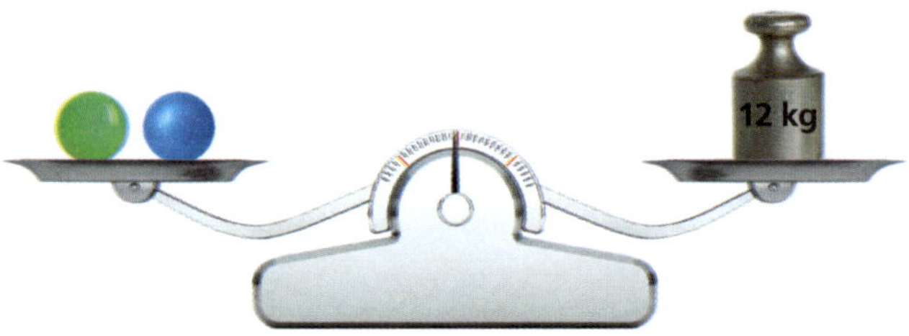

 = ______

 = ______

 = ______

Problemas

1 Víctor compra 6 kg de manzanas rojas y 9 kg de manzanas verdes. El precio del kilo es de 3 €, tanto para una variedad como para la otra. ¿Cuánto se gasta Víctor en total? Resuelve el problema de dos formas distintas, indicando el nombre de la propiedad que estás utilizando.

• ______________________________

2 Sandra necesita comprar 8 marcos para fotos que cuestan 9 € cada uno. El dueño de la tienda le propone llevarse 9 marcos y entonces le baja el precio a 8 € por cada uno. ¿Qué opción resulta más cara? ¿Qué propiedad se cumple?

• ______________________________

3 Raquel dedica 150 minutos al día a leer libros. Si lee los 365 días del año, ¿cuántos minutos pasará leyendo durante un año?

• ______________________________

4 Lourdes compra 6 cajas con 6 botellas de aceite de 1 l a un precio de 5 € la botella. Andrés compra 6 garrafas de 5 l cada una a un precio de 6 € el litro. ¿Qué opción será más económica? ¿Qué propiedad se cumple?

• ______________________________

5 Un musical ha llenado las 345 butacas del teatro donde se representa la obra. Si el precio de cada entrada es de 125 €, ¿cuál ha sido la recaudación de esa sesión?

• ______________________________

6 En un avión con capacidad para 450 pasajeros han quedado libres 95 asientos. El precio del vuelo es de 165 €. ¿Cuál ha sido la recaudación de ese vuelo?

• ______________________________

Propiedad fundamental de la división

Para averiguar que la división está bien hecha, compruebo que se cumple la **propiedad fundamental de la división** y que el resto es menor que el divisor.

```
2 7 | 6
 3    4
```

→ Dividendo = divisor × cociente + resto → $27 = 6 \times 4 + 3$

resto < divisor → $3 < 6$

1 Comprueba si estas divisiones están bien hechas.

```
  975 |6            421 |5            512 |5
 - 6   162         - 40   84         - 5   102
   37                21                01
 - 36              - 20              - 0
    15                1                 12
  - 12                                - 10
     3                                   2
```

______________________ ______________________ ______________________

______________________ ______________________ ______________________

2 Relaciona cada división con su cociente y su resto, de modo que se cumpla la propiedad fundamental de la división.

459 : 5	106	1
851 : 8	91	3
902 : 4	122	4
367 : 3	225	2

3 Escribe V, si es verdadero, y F, si es falso.

- ☐ Una división está bien hecha si el resto es menor que el divisor.
- ☐ Una división está bien hecha si cumple la propiedad fundamental de la división.
- ☐ Una división está bien hecha si dividendo = divisor × cociente + resto y resto < divisor.

4 ¿Están bien hechas las divisiones?

Dividendo	Divisor	Cociente	Resto	¿Correcto?
4582	9	509	0	
28153	7	4021	6	
15234	6	2539	0	
18263	5	3652	3	

5 Completa el término que falta para que se cumpla la propiedad fundamental de la división.

Dividendo = 48523 Divisor = 4 Cociente = 12130 Resto = ¿?	Dividendo = ¿? Divisor = 6 Cociente = 15236 Resto = 5	Dividendo = 86253 Divisor = 7 Cociente = ¿? Resto = 6

6 Victoria ha repartido 124 botes de témperas en 6 cajas. Cree que ha colocado 20 en cada caja, pero le han sobrado 5. Comprueba si Victoria ha hecho bien el reparto.

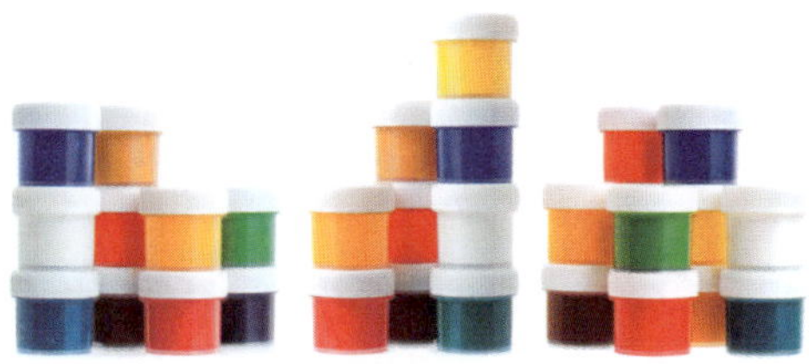

- ______________________________

7 Calcula el número secreto sabiendo que, al dividirlo por 5:

- Da de resto 3.
- Y el cociente es 24.

- El número es: ______________________________

División con divisor de dos cifras

Para dividir 3875 : 46, sigo estos pasos:

1. Busco en el dividendo un número mayor que 46 y divido 387 por 46.

```
 3875 |46
-368    8
 019
```

2. Escribo la siguiente cifra del dividendo.

```
 3875 |46
-368    8
 0195
```

3. Divido 195 por 46.

```
 3875 |46
-368   84
 0195
 -184
  011
```

Luego 3875 : 46 = 84 y sobran 11.

1 Calcula estas divisiones. Luego, comprueba que cumplen la propiedad fundamental de la división.

8365 : 71

52 206 : 26

30 259 : 59

2 Completa los números que faltan en estas divisiones.

```
 7 3 __ 4 |3 6
-7 2        2 __ 4
   __ 4
 -    0
   1 4 __
 - 1 4 4
       0
```

```
__ 6 2 __ |4 5
-4 5        1 2 __
 1 1 __
 -9 0
  2 2 3
 -1 8 0
   __ 3
```

```
 1 4 8 7 |2 7
-1 __ 5   __ 5
 0 1 3 __
 -1 3 5
   0 0 __
```

Múltiplos y divisores de un número

- Para calcular los múltiplos de un número, lo multiplico por los números naturales.

  Los múltiplos de 5 son: 0 , 5, 10, 15, 20, 25…

  Para comprobar si un número es **múltiplo** de otro hago una división.

  72 : 9 → Cociente 8 y resto 0. Como la división es exacta, 72 es múltiplo de 9.

- Para calcular todos los divisores de un número, lo divido por los números naturales menores o iguales que él.

  Los divisores de 10 son: 1, 5 y 10.

  Un número es **divisor** de otro si al hacer la división el resto es cero.

1 Escribe los divisores de estos números.

- 9 → ______
- 12 → ______
- 3 → ______
- ¿Los números tienen una cantidad finita o infinita de divisores?

  ______

2 Calcula los cinco primeros múltiplos de los siguientes números.

- 4 → ______
- 6 → ______
- 7 → ______
- ¿Podrías calcular más múltiplos de cada número? ¿Cuántos múltiplos tiene un número?

  ______

3 Rodea en cada caso lo que se indica.

- Múltiplos de 4 → 5 6 8 12 16 24 30 64
- Divisores de 12 → 84 3 6 24 4 9 12 8

4 Pablo compra el aceite en garrafas de 5 l. ¿Puede comprar exactamente 17 l? ¿Y 20 l? ¿Por qué?

- ______

Números primos y compuestos

- Un número es **primo** si tiene dos y solo dos divisores.

  El número 7 tiene solo dos divisores: el 1 y él mismo. El número 7 es primo.
- Un número es **compuesto** si tiene más de dos divisores.

  El número 8 tiene más de dos divisores: 1, 2, 4 y 8. El número 8 es compuesto.
- El número 1 ni es primo ni es compuesto.

1 Calcula todos los divisores de cada número e indica si es primo o compuesto.

- Divisores de 6 → ______________________. El número 6 es ______________________.
- Divisores de 11 → ______________________. El número 11 es ______________________.
- Divisores de 15 → ______________________. El número 15 es ______________________.
- Divisores de 17 → ______________________. El número 17 es ______________________.

2 Coloca estos números en la tabla según corresponda.

2 5 9 7 10 35 14 23

Números primos	Números compuestos

3 Escribe los números que piden en cada caso.

- Los números primos comprendidos entre 20 y 30. → ______________________
- Los números compuestos comprendidos entre 30 y 40. → ______________________

4 Escribe V, si es verdadero, y F, si es falso.

☐ 15 es un número primo.

☐ 19 es un número compuesto.

☐ 21 es un número compuesto.

Criterios de divisibilidad

Un número es **divisible por**
- **2** si termina en 0 o en cifra par.
- **3** si la suma de sus cifras es divisible por 3.
- **5** si termina en 0 o en 5.
- **9** si la suma de sus cifras es múltiplo de 9.
- **10** si termina en 0.

1 Observa el ejemplo y une con flechas según corresponda.

10	Divisible por 2
9	Divisible por 3
98	Divisible por 5
30	
225	
1 563	

2 Escribe un número de cuatro cifras que cumpla la siguiente condición.

- Sea divisible por 2. → ____________
- Sea divisible por 5. → ____________
- Sea divisible por 9. → ____________
- Sea divisible por 3. → ____________

3 Completa con una cifra para que el número sea divisible por 3.

- 2____
- 4____1
- 10____
- ____16

4 Saúl tiene 32 películas y quiere empaquetarlas en cajas del mismo tamaño. ¿De cuantas formas puede guardarlas sin que sobre ninguna?

- ____

Cálculo

1 Calcula mentalmente estas operaciones.

- 42 + 29 = ______
- 66 + 39 = ______
- 22 + 29 = ______
- 51 + 29 = ______
- 56 + 29 = ______
- 20 + 29 = ______
- 23 + 39 = ______
- 45 + 39 = ______
- 31 + 29 = ______
- 25 + 39 = ______
- 84 + 29 = ______
- 34 + 39 = ______

2 Completa los números que faltan.

- 19 + ______ = 48
- 48 + ______ = 87
- 51 + ______ = 90
- 23 + ______ = 52
- 56 + ______ = 85
- 67 + ______ = 96

3 Calcula las siguientes operaciones.

- 68 230 : 5
- 40 587 : 7
- 24 506 : 3

Lógica

4 Resuelve las siguientes pirámides numéricas, teniendo en cuenta que cada número es la suma de los inferiores.

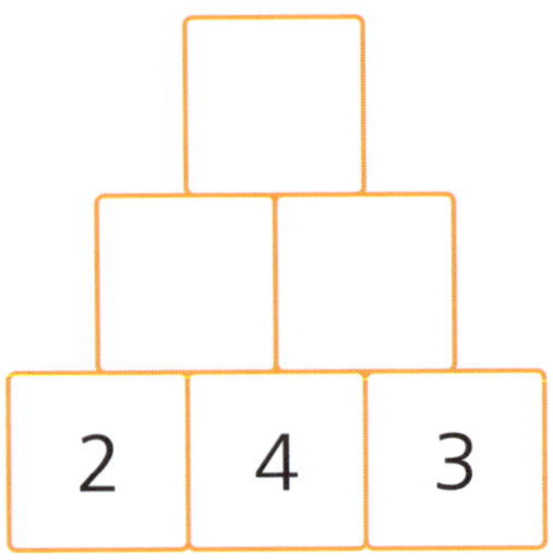

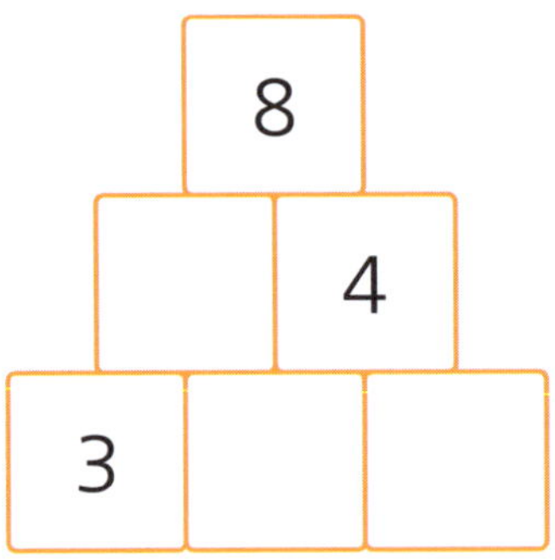

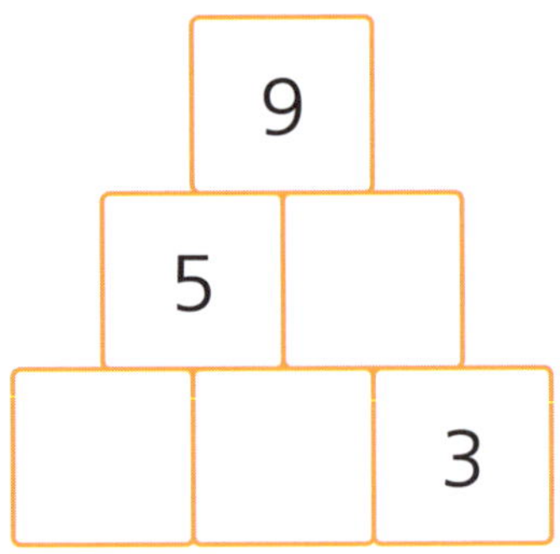

5 Un lápiz y una goma cuestan 1 € y 10 cts. Si el lápiz cuesta 1 € más que la goma, ¿cuánto cuesta la goma?

- ______

Problemas

1. Rafael ha comprado una televisión que le ha costado 1 242 €. Si lo va a pagar en 9 cuotas del mismo importe, ¿cuál será el importe de cada cuota?

2. Valeria ha realizado en Toledo una media maratón, cuya distancia es de 21 096 m. Esta distancia se cubre dando 3 vueltas completas a un circuito que discurre por la ciudad. ¿Qué distancia se recorre en cada vuelta?

3. Ismael va a viajar en coche desde Madrid a Berlín. La distancia entre estas dos ciudades es de 2 317 km y quiere realizarla en 7 días, recorriendo cada día la misma distancia. ¿Cuántos kilómetros recorrerá cada día?

4. Una fábrica de coches realiza un pedido de 12 840 neumáticos para montarlos en sus vehículos. Si cada uno va equipado con 5 ruedas, ¿a cuántos coches podrán montarles los neumáticos?

5. Dolores va a repartir 47 544 € entre sus 6 hijos a partes iguales. ¿Cuánto le dará a cada hijo?

6. Pilar quiere repartir su colección de cómics entre sus 6 sobrinos a partes iguales. Sin embargo, si el reparto no es exacto, los que sobren serán para Samuel, que es el menor. Si Pilar tiene en su colección 3 947 cómics, ¿cuántos le corresponderán a Samuel?

¡NO HAY PROBLEMA!

1 **Escribe los pasos que sigues para resolver estos problemas y resuélvelos.**

- Nuria va a cambiar las puertas y las ventanas de su casa. Tiene 6 ventanas y 8 puertas. Si el precio de cada ventana es de 140 € y el de cada puerta de 95 €, ¿cuánto dinero se gastará en total?

- En una campaña de recogida de alimentos se han recogido 540 kg de arroz, 324 kg de lentejas y 629 kg de garbanzos. Si el objetivo es conseguir 1 500 kg de legumbres, ¿cuántos kilogramos han faltado para alcanzarlo?

2 **Resuelve estos problemas ayudándote de un dibujo.**

- María se dispone a pintar una pared de su salón con 6 rayas negras de 60 cm de ancho cada una y 7 rayas blancas de 40 cm de ancho cada una. ¿Cuánto crees que mide el ancho de la pared que quiere pintar?

- ______________________________

- Se va a dar inicio a la construcción de un edificio. Para asegurar la zona, montan unas vallas de protección rodeando el terrero cuadrado de 40 m de lado. Se colocan vallas rojas que cubren 2 lados del cuadrado y la mitad de otro y vallas blancas para el resto. ¿Cuántos metros más se han utilizado de valla roja que de valla blanca?

- ______________________________

- En la salida de una carrera de coches hay 15 participantes alineados en una sola fila. La distancia que separa cada vehículo del siguiente es de 2 m. Si cada coche mide 4 m de largo, ¿qué distancia hay entre la parte delantera del primer vehículo y la trasera del último?

- ______________________________

1 **Simplifica estos problemas y resuélvelos.**

- Miriam ha repartido cerezas entre sus 7 sobrinos, que han tocado a 8 cerezas cada uno. Si quisiera repartir entre 8 sobrinos la misma cantidad de cerezas, ¿cuántas les corresponderían ahora a cada uno?

Resuelvo el problema simplificado:

- ______________________

Resuelvo el problema original:

- ______________________

- Para asistir a un partido de baloncesto, Saúl ha comprado 6 entradas en la zona lateral que le han costado 15 € cada una. ¿Cuántas entradas podría haber adquirido en los fondos por ese mismo dinero si en esa zona tienen un precio de 9 €?

Resuelvo el problema simplificado:

- ______________________

Resuelvo el problema original:

- ______________________

2 **Estima la solución de los siguientes problemas y comprueba el resultado.**

- En un restaurante se lavan 485 platos al día de lunes a viernes y 910 cada día del fin de semana. ¿Cuántos platos se lavan a lo largo de una semana?

Estimo la solución:

- ____________________

Compruebo el resultado:

- ____________________

- Se quiere renovar los equipos de la sala de informática de un colegio. Se adquieren 9 ordenadores de sobremesa a un precio de 395 € cada uno y 7 portátiles que valen 411 € cada uno. ¿Cuánto costará la renovación de los equipos?

Estimo la solución:

- ____________________

Compruebo el resultado:

- ____________________